an 6.

Rapport sur les
produits de
l'industrie française

PREMIÈRE EXPOSITION

DES PRODUITS

DE L'INDUSTRIE FRANÇAISE.

Jours Complémentaires de l'an VI.

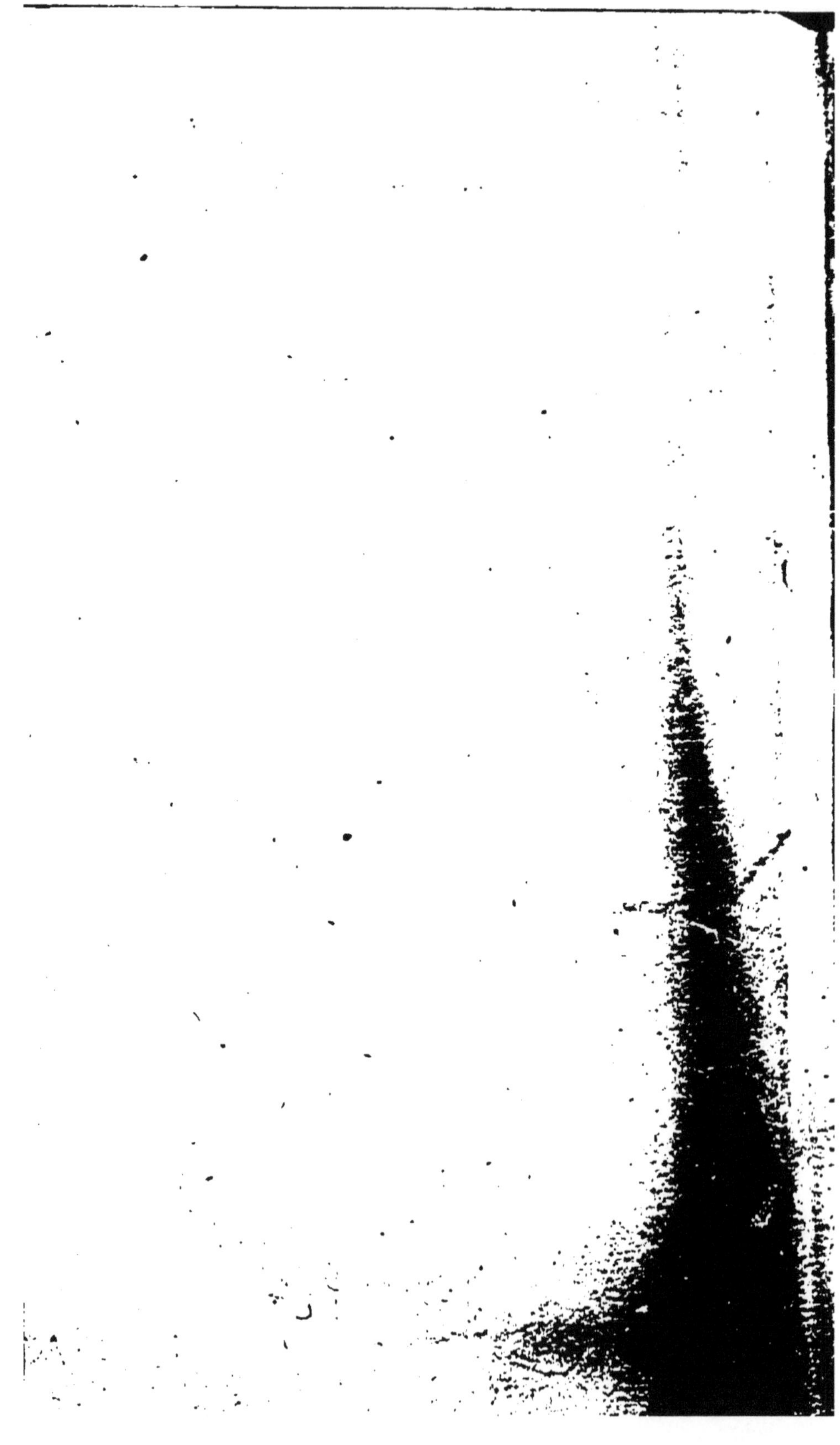

EXPOSITION PUBLIQUE

DES PRODUITS

DE L'INDUSTRIE FRANÇAISE.

CATALOGUE

DES

PRODUITS INDUSTRIELS

Qui ont été exposés au Champ-de-Mars pendant les trois derniers jours complémentaires de l'an VI; avec les noms, départemens et demeures des artistes et manufacturiers qui ont concouru à l'exposition; suivi du PROCÈS-VERBAL du Jury nommé pour l'examen de ces produits.

A PARIS,

DE L'IMPRIMERIE DE LA RÉPUBLIQUE.

Vendémiaire an VII.

EXPOSITION PUBLIQUE

DES PRODUITS

DE L'INDUSTRIE FRANÇAISE.

CATALOGUE DES PRODUITS INDUSTRIELS.

Noms, départemens et demeures des Artistes.

Nota. Les départemens éloignés n'ayant pu être instruits des dispositions du Gouvernement en temps utile pour en profiter cette année, on a été privé des ressources nombreuses qu'aurait fournies l'industrie active de la plupart d'entre eux.

LE local destiné à l'exposition est partagé en 68 arcades, disposées en carré long autour d'une place, au centre de laquelle s'élève le temple de l'Industrie.

ARCADE N.º 1.

COUTURIER, horloger à Paris : *Pendule battant les secondes décimales.*

RUSSINGER, fabricant de porcelaines, à Paris : *Un groupe représentant Méléagre et Atalante.*

PATOULET, AUDRY et LEBEAU, fabricans de plaqué d'or et d'argent sur métaux, à Champlan, près Long-Jumeau, département de Seine-et-Oise : *Couverts plaqués d'or et d'argent sur acier.*

ARCADE N.º 2.

BREGUET, horloger à Paris : *Nouvel échappement*

(6)

libre et à force constante, adapté à une pendule , qui met une montre à l'heure et qui la règle ; Chronomètre musical.

BRUNS, ébéniste, rue de Cléry, à Paris : *Échantillons d'ébénisterie.*

MARTIN, fondeur à Paris : *Statue en pied du général Bonaparte, en bronze.*

A R C A D E N.º 3.

LEPETIT-WALLE, fabricant de nécessaires à barbe, aux Quinze-vingts, à Paris : *Rasoirs fins.*

A R C A D E N.º 4.

CONTÉ, artiste, rue de la Loi, à Paris : *Crayons artificiels de différentes sortes.*

A R C A D E N.º 5.

RAOUL, fabricant d'acier et de limes, à Paris : *Limes fines.*

LENOIR, ingénieur en instrumens de physique à Paris : *Echelle comparative de la pesanteur spécifique des métaux ; Balances d'essai ; Instrumens de marine et d'astronomie*

A R C A D E N.º 6.

DESARNOD, ingénieur-caminologiste, à Paris : *Foyers salubres et économiques.*

A R C A D E N.º 7.

KOCH, serrurier, à l'Arsenal, à Paris : *Serrures de sûreté.*

TOQUE, serrurier à Paris : *Serrures de sûreté.*

POUX-LANDRY, mécanicien à Paris : *Nouvelle serrure de sûreté ; Balance perfectionnée.*

ARCADE N.º 8.

DELAPLACE, artiste à Paris : *Produits métallurgiques.*

BONNEMAIN , physicien à Nanterre près Paris : *Four-neaux , alambics et autres ustensiles perfectionnés.*

SALNEUVE , mécanicien, faubourg Denis, à Paris : *Forte vis de balancier; petite Presse à timbre sec.*

ARCADE N.º 9.

LEMAIRE , horloger à Paris : *Pendule à jeu de flûtes , boîte à carillon.*

RUELLE , ancien professeur d'astronomie à l'Observatoire , rue du Bac , n.º 567 , à Paris : *Connaissance mécanique des temps , ou Planétaire indiquant pour chaque jour, jusqu'en l'an 28 de la République , les positions respectives des planètes.*

FORTIN , ingénieur - géographe à Bagneux, près Paris : *Planétaire mécanique.*

ARCADE N.º 10.

ROBY , ancien fabricant de tapisseries d'Aubusson : *Tableaux en tapisserie.*

PETIT, fabricant de papiers peints, rue Mouffetard, à Paris : *Échantillons de papiers peints d'un nouveau goût.*

ARCADE N.º 11.

POTTER, fabricant de faïences blanches, à Chantilly, département de l'Oise : *Faïences blanches en terre de pipe.*

ARCADE N.º 12.

FOUQUET, mécanicien à Paris : *Modèle en relief d'un monument public.*

BOUILLARD, artiste, rue Denis, à Paris : *Tableau en plumes colorées, représentant des oiseaux étrangers.*

ARCADE N.º 13.

DELAITRE, fabricant de fils de coton, à l'Épine, près Arpajon, département de Seine-et-Oise : *Cotons cardés et filés par le moyen des machines.*

ARCADE N.º 14.

BOYER-FONFRÈDE, manufacturier à Toulouse, département de la Haute-Garonne : *Fils et étoffes de coton.*

ARCADE N.º 15.

GRÉMONT et BARRÉ, fabricans de toiles peintes, à Bercy, près Paris : *Échantillons de toiles peintes.*

ARCADE N.º 16.

CAHOURS, père et fils, bonnetiers à Paris : *Tableau contenant divers échantillons d'ouvrages de bonneterie.*

CHAPELLE, graveur en caractères, à Paris : *Épreuves de caractères gravés.*

MACHAULT, artiste à Paris : *Échantillons de draps reteints, et qui ont reçu un nouvel apprêt.*

PAYEN, fabricant de sel ammoniac, à Paris : *Produits chimiques.*

TAYLOR, corroyeur à Paris : *Échantillons de corroierie.*

ARCADE N.º 17.

ROUSSEAU, père et fils, fabricans de draps à Sedan, département des Ardennes : *Draps dits casimirs.*

ARCADE N.º 18.

GRILLON et compagnie, fabricans de draps à Château-roux, département de l'Indre : *Draps kalmouks; Ratine.*

ARCADE N.° 19.

Les onze associés de la manufacture de mouchoirs de Chollet, département de Maine-et-Loire : *Mouchoirs.*

ARCADE N.° 20.

BERTHIER , fabricant de quincailleries à Bizy, département de la Nièvre : *Outils et quincailleries.*

ARCADE N.° 21.

LAROCHEFOUCAULD (Alexandre), fabricant d'étoffes de coton à Mello, département de l'Oise : *Cotonnades.*

ARCADE N.° 22.

AUBLÉ , fabricant de draps à Louviers, département de l'Eure : *Draps de Louviers.*

ARCADE N.° 23.

BAILLEHACHE, même industrie, même commune, même exposition.

ARCADE N.° 24.

DAIREAUX, *idem.*

ARCADE N.° 25.

DETREY, fabricant de bas à Besançon, département du Doubs : *Échantillons de bonneterie.*

ARCADE N.° 26.

BOURGAIN, fabricant de toiles peintes à Pont-Audemer, département de l'Eure : *Toiles peintes.*

ARCADE N.° 27.

THIROUIN-GAUTIER , fabricant de coutils , même commune : *Coutils façon de Bruxelles.*

ARCADE N.° 28.

Manufacture nationale d'armes , établie à Versailles,

département de Seine-et-Oise : *Assortiment complet d'armes de guerre et de chasse.*

ARCADE N.º 29.

BONTEMPS, fabricant de gazes et de cotonnades, rue Mêlée, à Paris : *Gazes et étoffes de coton.*

ARCADE N.º 30.

MARTIN et compagnie, fabricans de cuirs à Pont-Audemer, département de l'Eure : *Cuirs corroyés.*

ARCADE N.º 31.

PLUMMER, DONNET et comp., fabricans de cuirs, même commune : *Cuirs corroyés.*

ARCADE N.º 32.

JACQUIER (Pierre), fabricant de toiles et mouchoirs, à Mayenne, département de la Mayenne : *Toiles et mouchoirs.*

ARCADE N.º 33.

PAYN fils, fabricant de bonneterie, à Troyes, département de l'Aube : *Bonneteries en coton.*

HUOT l'aîné, CHARLES HUOT, ROBLOT-MAUCHAIN, CAUCHY, fabricans d'étoffes de coton, même commune : *Toiles de coton ; Piqués ; Bazins ; Mousselinettes.*

ARCADE N.º 34.

KOUTZER, chaudronnier à Paris : *Ustensiles de ménage en cuivre bronzé.*

BUNEL, fabricant de cuirs à Pont-Audemer (Eure): *Cuirs corroyés.*

ARCADE N.º 35.

L'ENFUMEY-CAMUSAT, fabricant de bas à Troyes, département de l'Aube : *Bas de coton.*

ARCADE N.° 36.

GOMBERT, fabricant de fils de coton à Paris : *Cotons filés de toute nature.*

SEGUIN, entrepreneur de la tannerie de Sèvres : *Cuirs tannés et corroyés suivant un nouveau procédé.*

ARCADE N.° 37.

THOMASSIN, fabricant de bas à Troyes, département de l'Aube : *Bonneterie.*

ARCADE N.° 38.

GRAFF frères, fabricans de cires à cacheter, rue Thomas-du-Louvre, à Paris : *Cires à cacheter de différentes couleurs et parfums.*

ARCADE N.° 39.

SAGET, entrepreneur de la verrerie de la Gare, près Paris : *Échantillons de verreries.*

GUÉRIN, fabricant de pâtes, rue des Prouvaires, à Paris : *Pâtes de différentes sortes ; nouveau Vermichel pectoral.*

ARCADE N.° 40.

Cette arcade, précieuse pour l'instruction publique, a présenté une *suite complète d'étalons des poids et mesures républicains*, exécutés sous les ordres du Ministre de l'intérieur, par les soins du Conseil des poids et mesures.

ARCADE N.° 41.

CICÉRI, artiste à Paris : *Assortiment de mesures républicaines ; instructions imprimées pour faciliter l'usage de ces mesures.*

ARCADE N.º 42.

KUTSCH, mécanicien à Paris : *Machines servant à la division des mesures républicaines.*

ARCADE N.º 43.

DIDOT jeune, imprimeur-libraire à Paris : *Contrat social, sur peau de vélin, exemplaire unique ; Juvénal, trad. de Dussaulx, sur peau de vélin, exemplaire unique ; le Télémaque, papier vélin ; Anacharsis, &c.*

ARCADE N.º 44.

MATHIEU, artiste mécanicien à Paris : *Mâture roulante, propre à secourir les incendiés.*

PRUDON, mécanicien à Paris : *Modèles de différentes machines utiles à l'agriculture.*

COINTEREAUX, professeur d'architecture rurale à Paris : *Plans et ouvrages relatifs à l'architecture rurale.*

ARCADE N.º 45.

TOUROUDE, mécanicien à Paris : *Modèles de différentes machines.*

DIXNARD, mécanicien à Paris : *Tableau complet du nouveau système des poids et mesures.*

ROTH, Sellier : *Instrumens de nouvelle invention pour couper et parer les cuirs.*

ARCADE N.º 46.

DUBOIS-CHÉMANT, dentiste à Paris : *Râteliers artificiels, de composition minérale.*

HECTOR CHAUSSIER, oculiste à Paris : *Un kératome, nouvel instrument pour l'opération de la cataracte.*

(13)

OUDET, mécanicien herniaire à Paris : *Bandages mécaniques et membres artificiels.*

ARCADE N.° 47.

BAZILE, fabricant de toiles peintes, à Rouen, département de Seine-Inférieure : *Un échantillon de toile peinte destinée pour meubles.*

FLAGES, fabricant de cardes à Toulouse, département de la Haute-Garonne : *Un échantillon de cardes à coton.*

LACAZE, mécanicien à Paris : *machine servant à retirer les bois de l'eau sans que les travailleurs entrent dans la rivière.*

THÉODORE MERTENS, fabricant de draps à Limbourg (Ourthe) : *Echantillons de draps.*

DUMONTIER, tabletier à Rouen (Seine-inférieure) : *Échantillons de corne transparente.*

CLOUET, chimiste à Paris : *Fer converti en acier par la simple fusion.*

ARCADE N.° 48.

BADIN, fabricant d'étoffes de coton à Paris : *Cotonnades.*

ARCADE N.° 49.

BROSSER (François-Charles), apprêteur d'étoffes de laine à Beauvais, département de l'Oise : *Serges et étamines glacées.*

ARCADE N.° 50.

PREVOTEAU, armurier et fourbisseur à Paris : *Armes à feu et armes blanches.*

ARCADE N.º 51.

TISSOT , fabricant de cornes à lanterne , faubourg Antoine, à Paris : *Feuillets de corne transparente.*

Veuve GOUJON, fabricante de cotonnades, même demeure : *Étoffes de coton ; bonneterie.*

ARCADE N.º 52.

SARRAZIN, costumier à Paris : *Habit sans coutures apparentes.*

FERANT, bonnetier à Paris : *Produits extraits de végétaux indigènes ; Bonneterie fabriquée avec ces produits.*

VAUSENVILLE, mécanicien à Paris : *Papiers et registres réglés suivant un nouveau procédé.*

VERHELST, sculpteur à Paris : *Plans en relief.*

ARCADE N.º 53.

VILLEROY, fabricant de faïences à Vaudrevanges, département de la Moselle : *Faïences blanches en terre de pipe.*

ARCADE N.º 54.

DEHARME, fabricant d'ouvrages de tôle vernie, à Paris : *Tôles vernies.*

ARCADE N.º 55.

DURAND, mécanicien à Paris : *Moulins à bras, serrures de sûreté, et autres mécaniques.*

ARCADES N.ºˢ 56 et 57.

MANUFACTURE nationale de porcelaines de Sèvres : *Produits de cette manufacture.*

ARCADE N.º 58.

PIERRE DIDOT , imprimeur, FIRMIN DIDOT ,

(15)

fondeur en caractères, et LOUIS-ÉTIENNE
HERHAN, graveur à Paris : *Œuvres de Virgile*,
in-folio ; *les mêmes, in-12, édition stéréotype (en
formats solides) ; collection de portraits des généraux
français.*

ARCADE N.° 59.

LEBON, chargé du dépôt des cristaux de la fabrique
du Creusot, près Mont-Cenis, département de Saone-
et-Loire : *Cristaux.*

ARCADE N.° 60.

ROUSSEAU, confiseur, rue des Lombards, à Paris :
Décorations en sucrerie.

ARCADE N.° 61.

SAUVESTRE, menuisier à Rouen (Seine-inférieure) :
Moulin à battre les grains.

DUPONT, fabricant de coton, même commune : *Étoffes
de coton d'un nouveau genre.*

ARCADE N.° 62.

BAUDOUIN, imprimeur de l'Institut national des sciences
et arts, à Paris : *Mémoires de l'Institut national.*

GÉRARD, graveur en caractères, à Paris : *Tableaux
d'épreuves de caractères gravés en acier.*

ARCADE N.° 63.

JULLIEN (Denis), fabricant de fils de coton, au Luat,
près Saint-Brice, département de Seine-et-Oise : *Échantillons de cotons filés.*

DAGUET et comp.ᵉ, fabricant de papiers peints à Paris :
Échantillons de papiers peints imitant la draperie.

ARCADE N.º 64.

BAZENERYE, confiseur, rue de la Vieille-Bouclerie, à Paris : *Décorations en sucrerie.*

ARCADE. N.º 65.

DIHL et GUERHARD, manufacturiers de porcelaine, rue du Temple, à Paris : *Porcelaines.*

ARCADE N.º 66.

DEFRANCE, mécanicien à Paris : *Tableaux en creux, gravés au tour.*

ARCADE N.º 67.

BOUVIER, fondeur en filigrane, à Paris : *Ouvrages en filigrane.*

CLÉMENT LAUSSEN, serrurier mécanicien à Paris : *Vis à bois.*

PERRIN, fabricant de toiles métalliques, à Paris : *Toiles métalliques.*

GERENTEL, fabricant de cornes à lanternes, île Louvier, à Paris : *Feuillets de corne transparente.*

ARCADE N.º 68.

CATOIRE et BESSON, fabricans de cristaux, au Gros-Caillou : *Cristaux.*

PROCÈS-VERBAL

RÉDIGÉ par les citoyens composant le Jury des produits de l'industrie française, et remis au Ministre de l'intérieur le 5.ᵉ Jour complémentaire an VI de la République française.

LES CITOYENS composant le jury national établi pour l'examen des produits de l'industrie française, en vertu de la décision du ministre de l'intérieur, du 29 fructidor an VI, se sont réunis au lieu de l'exposition publique, le 5.ᵉ jour complémentaire, à dix heures du matin, et ont procédé à cet examen avec le zèle et l'impartialité qui convenaient à la mission auguste qu'ils étaient appelés à remplir.

Ils ont cru devoir distinguer, dans les productions du génie, trois genres de mérite d'après lesquels la société les classe toutes : en conséquence, ils se sont bien gardés de confondre et de peser dans la même balance les fruits de l'invention, les résultats du perfectionnement et les monumens de l'utilité publique.

Ils ont cru que le premier caractère du mérite d'un ouvrage est dans l'invention, que le premier titre à la reconnaissance publique est le degré d'utilité, et que le perfectionnement qui peut supposer le même talent, né présente pas pour cela les mêmes droits aux récompenses nationales.

Ils n'ont pas pu se refuser à accueillir avec un sentiment de prédilection, toutes les productions qui peuvent être offertes en parallèle avec les produits analogues de l'industrie anglaise; et ce n'est pas sans éprouver, avec une vive émotion, le sentiment d'un orgueil vraiment patriotique, qu'ils ont vu présenter au concours, par des artistes français, des aciers, des limes, des cristaux, des poteries, des toiles peintes que nous pouvons offrir à nos rivaux comme des motifs pour eux d'une juste et inquiète jalousie.

Ils conviendront encore qu'il n'ont pas pu se défendre du même sentiment, lorsqu'ils n'ont trouvé dans les fabriques de leurs voisins absolument rien de comparable aux produits étonnans de Sèvres, de Versailles, des *Didot*, des *Bréguet*, des *Lenoir*, des *Dihl* et *Guerhard.*

Les citoyens composant le jury, remplis d'estime et de reconnaissance pour les nombreux artistes qui honorent la Nation, n'ont éprouvé qu'un seul regret; c'est celui de se voir contraints, par le réglement, de borner leurs choix et de limiter leurs suffrages sur une seule partie des produits nombreux qui avaient mérité leur approbation : ils espèrent néanmoins qu'en s'acquittant de cette partie pénible de leurs fonctions, leur jugement sera celui du public et de tous les artistes.

Ils eussent desiré que le temps eût permis, à tous les citoyens inscrits, d'exposer les produits de leur industrie pour les soumettre à l'examen du jury ; et ils ont à regretter sur-tout que les citoyens *Boyer Fonfrede*, dont les étoffes en coton rivalisent avec les plus belles de l'Angleterre ; *Didot* jeune, si avantageusement connu par ses superbes éditions et la fabrication de son papier-vélin ; *Larochefoucault*, distingué dans le genre de fabrique en cotonnade qu'il a formé ; *Delaître*, à qui la filature des cotons doit une partie de ses progrès ; et autres artistes, dont les ouvrages ont obtenu une réputation justement méritée, n'aient pas pu concourir.

Le jury n'a pas cru devoir admettre au concours les fabriques nationales de Versailles et de Sèvres, attendu que les encouragemens qu'elles reçoivent du Gouvernement, leur donnent des moyens qu'il est difficile à des particuliers de réunir : il s'est borné à rendre une justice méritée aux superbes et nombreux produits qu'elles ont présentés à l'exposition.

Le jury proclame avec confiance le jugement qu'il a porté, parce qu'il le regarde bien moins comme une récompense exclusivement acquise aux artistes qui ont paru mériter une distinction, que comme un titre d'encouragement et de reconnaissance pour tous ceux qui ont concouru : il espère donc que l'industrie française va commencer une nouvelle ère, à dater des cinq jours complémentaires de l'an 6 ; et que cette institution, à jamais mémorable, en présentant annuellement aux artistes des juges et des rivaux, échauffera l'émulation, nourrira le bon goût, étouffera l'intrigue, et prouvera à toutes les nations, que si les arts sont l'apanage, la gloire et la force d'un gouvernement libre, ce gouvernement en est, à son tour, le plus ferme soutien.

Noms des douze CITOYENS qui ont été distingués par le Jury.

NOMS.	DOMICILE.	TITRES.
BREGUET.	Paris. Dép. de la Seine.	Un nouvel échappement libre et à force constante, également applicable au perfectionnement des horloges astronomiques et des horloges à longitude. Cette horloge produit l'effet très-singulier de remettre une montre à l'heure.
LENOIR.	Paris. (Seine.)	Balance d'essai d'une précision rigoureuse. Echelle comparative de la pesanteur des métaux. Un cercle astronomique d'un petit diamètre, qui supplée les grands quarts de cercle, et donne plus de précision. Un bel instrument des passages et un instrument d'observation appelé *cercle*, destiné à remplacer l'octant dont se servent les marins. Une boussole marine, une très-belle boussole d'inclinaison, et un baromètre perfectionné.
Pierre, Firmin DIDOT, et HERHAN.	Paris. (Seine.)	Superbe édition de Virgile, avec caractères et encre de leur fabrication ; planche stéréotype, et édition *in-12* des œuvres de Virgile et de Lafontaine avec ces caractères.
CLOUET.	Paris. (Seine.)	Fer converti en acier par la simple fusion, et rasoirs fabriqués avec cet acier.

NOMS.	DOMICILE.	TITRES.
DILH et GUERHARD.	Paris. *Dép. de la Seine.*	Tableaux en porcelaine, et exécutés par d'habiles artistes, avec des couleurs qui n'éprouvent aucun changement dans la cuisson.
DESARNOD.	Paris. *(Seine.)*	Cheminées et poêles de fer de fonte, perfectionnés par cet artiste. Modèles de cheminées et fourneaux économiques.
CONTÉ.	Paris. *(Seine.)*	Crayons de diverses couleurs, et de compositions variées selon les besoins, provenant de la fabrique qu'il a établie à Paris.
GREMONT et BARRÉ.	Bercy. *(Seine.)*	Toiles peintes, distinguées par la pureté du dessin et la beauté des couleurs.
POTTER.	Chantilly. *(Oise.)*	Un assortiment de faïence blanche, dont la pâte, le vernis et les formes, peuvent être comparés à ce qu'on connaît de plus parfait dans ce genre.
PAYN (fils).	Troyes. *(Aube.)*	Bonneterie en coton, basin d'un beau blanc et bien fabriqué.
DEHARME.	Bercy. *(Seine.)*	Divers ouvrages, en tôle vernie, ornés de dessins et peintures d'une grande beauté.
JULLIEN (Denis).	Luat, *Près St.-Brice.* *(Seine-et-Oise)*	Assortiment de coton, de Cayenne, filé à la mécanique; échantillons portés successivement jusqu'au n.° 110.

Après avoir satisfait au devoir sacré prescrit par le Gouvernement, en lui présentant les douze artistes qui ont paru les plus recommandables, le jury n'a pu se refuser au plaisir de lui en faire connaître plusieurs autres qui méritent une distinction honorable.

NOMS.	DOMICILE.	TITRES.
BERTHIER.	Bizy. (Nièvre.)	Acier de sa fabrication; chaînes de montre, mouchettes, limes, faites de cet acier.
RAOUL.	Paris. (Seine.)	Limes fines, dont la réputation est généralement établie. Elles proviennent d'acier français.
BOUVIER.	Paris. (Seine.)	Divers ouvrages fondus en filigranes.
GERENTEL.	Paris. (Seine.)	Feuillets de corne à lanterne, ramenés aux plus grandes dimensions, par un procédé qui appartient à cet artiste.
KUTSCH.	Paris. (Seine.)	Machines d'une très-grande précision, pour diviser et vérifier très-promptement les mesures de longueur.
THIROUIN-GAUTIER.	Pont-Audemer (Eure.)	Diverses qualités de coutils de très-bonne fabrication. Serges et étamines glacées, sans cesser d'être moelleuses, et d'un coup-d'œil agréable.

NOMS.	DOMICILE.	TITRES.
PATOULET, AUDRY et LEBEAU.	*Champlan, près Longjumeau. (Seine-et-Oise)*	Couverts plaqués d'or et d'argent sur acier.
SALNEUVE.	*Paris. (Seine.)*	Forte vis de balancier ; presse à timbre sec, d'une belle exécution.
PERRIN.	*Paris. (Seine.)*	Toiles métalliques perfectionnées, et assortiment en ce genre, depuis celle qui est employée à la fabrication du papier vélin, jusqu'à celle qui sert dans les *tourailles* des brasseries.
DETREY.	*Besançon. (Doubs.)*	Beaux échantillons de bonneterie, en fil.
GAHOURS, père et fils.	*Paris. (Seine.)*	Beaux échantillons de bonneterie, en coton.
PLUMMER-DONNET.	*Pont-Audemer. (Eure.)*	Cuirs corroyés ; cuirs de porc apprêtés.
LEPETIT WALLE.	*Paris. (Seine.)*	Nécessaires à barbe ; rasoirs fins. *Nota.* Cet artiste instruit et emploie des enfans tirés des hospices : déjà trente-sept sont établis dans Paris.

Le jury a distingué encore, parmi les ouvrages exposés au concours, les mouchoirs et étoffes des fabriques de *Chollet* et de *Mayenne*. Il a vu avec plaisir, que les onze associés de Chollet, et le C.^{en} *Jacquier*, de Mayenne, ont rendu à l'industrie de ces malheureuses contrées, l'activité qu'elle avait avant la révolution, et il espère que leurs efforts soutenus et réunis répareront, en peu de temps, les désastres d'une guerre qui y avait tout ravagé.

Le jury croit devoir aussi un tribut d'éloges aux fabriques du *Creuzot* et du *Gros-Caillou*. Les cristaux qu'elles ont exposés sont de belle qualité ; et l'on doit espérer de l'intelligence des artistes qui dirigent ces fabriques, qu'ils les porteront à un tel degré de perfection, que nous n'auront plus rien à desirer dans cette partie.

Le jury a pareillement applaudi aux ingénieuses machines présentées par le C.^{en} *Roth*, pour fendre et diviser les cuirs ; et aux cardes croisées, fabriquées par le C.^{en} *Flages*, de Toulouse.

Le jury doit au gouvernement de lui déclarer que les progrès de l'industrie se lient essentiellement au maintien de l'institution qu'il vient de former. Il peut lui annoncer que le moment est arrivé où la France va échapper à la servitude de l'industrie de ses voisins ; que, par-tout, les arts associés aux lumières, se dégagent de cette honteuse *routine*, qui est le caractère de l'esclavage ; que l'émulation la plus brûlante embrase toutes les têtes des artistes, et que le gouvernement n'a qu'à vouloir, pour porter les arts au degré de supériorité où s'est placée la grande nation parmi les peuples de l'Europe.

FAIT au Champ-de-Mars, le cinquième jour complémentaire de l'an VI de la République française.

Signé VIEN, GALLOIS, DARCET, CHAPTAL, MOLARD, MOITTE, GILET-LAUMONT, DUQUESNOY, FERD. BERTHOUD.